LA TOUNDRA

Kelley MacAulay et Bobbie Kalman
Traduction de Marie-Josée Brière

Catalogage avant publication de Bibliothèque et Archives nationales du Québec et Bibliothèque et Archives Canada

MacAulay, Kelley

La toundra

(Petit monde vivant)
Traduction de: Tundra food chains.
Comprend un index.
Pour enfants de 6 à 10 ans.

ISBN 978-2-89579-396-0

1. Écologie des toundras - Ouvrages pour la jeunesse. 2. Chaînes alimentaires (Écologie) - Ouvrages pour la jeunesse. 3. Toundras - Ouvrages pour la jeunesse. I. Kalman, Bobbie, 1947- . II. Titre. III. Collection: Kalman, Bobbie, 1947- . Petit monde vivant.

QH541.5.T8M3214 2011 j577.5'86 C2011-940918-6

Dépôt légal – Bibliothèque et Archives nationales du Québec, 2011
Bibliothèque et Archives Canada, 2011

Titre original : *Tundra Food Chains* de Kelley MacAulay et Bobbie Kalman (ISBN 978-0-7787-1992-2) © 2005 Crabtree Publishing Company, 616, Welland Ave., St. Catharines, Ontario, Canada L2M 5V6

Dédicace de Kelley MacAulay
Pour Mark, Sheila, Steven et Mark Jr. MacAulay
J'apprécie tout ce que vous avez fait pour moi.

Recherche de photos
Crystal Sikkens

Conseillère
Patricia Loesche, Ph.D., Programme de comportement animal, Département de psychologie, Université de Washington

Illustrations
Barbara Bedell : pages 3 (pierres avec mousse, fleurs, lièvre arctique et ours brun), 8 (fleurs), 9 (sauf lemming et bœuf musqué), 10 (plante), 12, 13, 15, 16, 24 (loupe, bactéries et champignon) et 27 (lièvre arctique)
Antoinette DiBiasi : pages 3 (baies) et 27 (baies)
Katherine Berti : pages 3 (petites pierres et harfang des neiges), 5, 7 (harfang), 9 (bœuf musqué) et 27 (harfang)
Margaret Amy Salter : pages 3 (loup et ours polaire), 7 (soleil), 8 (loup), 10 (soleil), 24 (loup) et 27 (loup)
Bonna Rouse : pages 3 (lemming), 7 (plante et lemming), 8 (lemming), 9 (lemming), 17, 24 (plante) et 27 (lemming)
Images de Corbis, Corel, Creatas, Eyewire, Digital Stock, Digital Vision et Otto Rogge Photography

Direction : Andrée-Anne Gratton
Traduction : Marie-Josée Brière
Révision : Johanne Champagne
Mise en pages : Mardigrafe

Nous reconnaissons l'aide financière du gouvernement du Canada par l'entremise du Fonds du livre du Canada (FLC) pour des activités de développement de notre entreprise.

Conseil des Arts du Canada Canada Council for the Arts

Bayard Canada Livres inc. remercie le Conseil des Arts du Canada du soutien accordé à son programme d'édition dans le cadre du Programme des subventions globales aux éditeurs.

Cet ouvrage a été publié avec le soutien de la SODEC. Gouvernement du Québec – Programme de crédit d'impôt pour l'édition de livres – Gestion SODEC.

Bayard Canada Livres
4475, rue Frontenac, Montréal (Québec) H2H 2S2
Téléphone : 514 844-2111 — 1 866 844-2111
Télécopieur : 514 278-0072
edition@bayardcanada.com
www.bayardlivres.ca

Fiches d'activités disponibles sur www.bayardlivres.ca

Imprimé au Canada

Table des matières

Qu'est-ce que la toundra ?

En hiver, la toundra est couverte de neige. Certains animaux, comme ce renard arctique, y restent malgré les températures glaciales.

En été, quand les plantes poussent, beaucoup d'animaux trouvent à se nourrir dans la toundra, comme ce tétras du Canada.

La toundra est une vaste région de terres gelées, où il n'y a presque pas d'arbres. Cette région forme une bande autour de la Terre dans l'extrême nord de l'Amérique du Nord, de l'Europe et de la Sibérie. Juste au sud de la toundra, une autre région appelée « taïga » entoure elle aussi la Terre. La taïga est une forêt où poussent des **conifères**.

Un climat extrême

Dans la toundra, l'hiver dure presque toute l'année ! La température tourne habituellement autour de -36 °C, et il y a souvent du blizzard, c'est-à-dire des tempêtes de neige accompagnées de vents violents. La toundra se réchauffe pendant six à dix semaines par année. C'est l'été, mais il ne fait jamais plus de 12 °C. C'est juste assez chaud pour que de nombreuses sortes de plantes puissent pousser, mais il ne pleut presque pas.

Toujours gelé

Même en été, il ne fait pas assez chaud pour que le sol de la toundra dégèle complètement. Seule une couche de 20 centimètres, juste sous la surface, dégèle pendant la saison chaude. Sous cette couche, le sol reste toujours gelé. C'est ce qu'on appelle le « pergélisol ». L'eau ne pénètre pas dans le pergélisol. Elle reste dans la couche du dessus, ce qui rend le sol spongieux.

Deux extrêmes

Dans la toundra, l'ensoleillement varie selon les périodes de l'année. À certains endroits, en hiver, le soleil ne se lève pas durant deux mois ! Et, en été, le soleil brille toute la journée et toute la nuit pendant plusieurs semaines de suite.

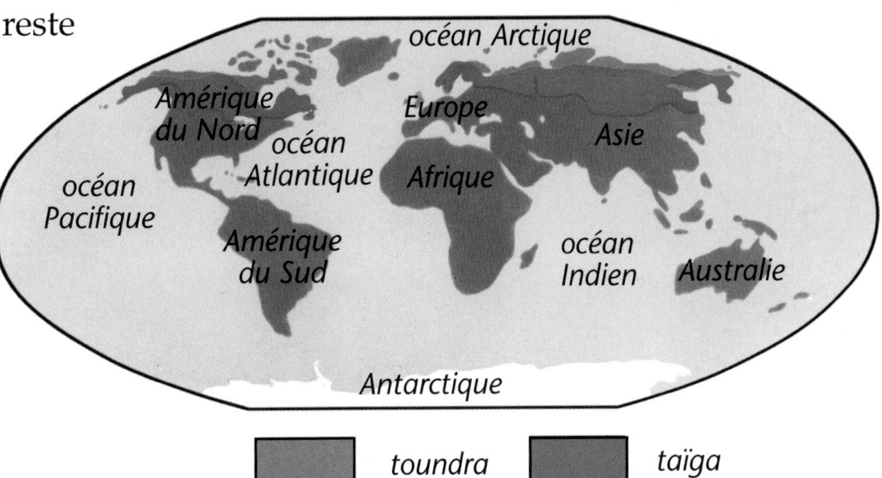

Cet ours polaire cherche de la nourriture sur le bord d'une rivière glacée de la toundra.

Qu'est-ce qu'une chaîne alimentaire?

On trouve dans la toundra différentes espèces de plantes et d'animaux. Comme tous les organismes vivants, ces plantes et ces animaux ont besoin d'eau, de lumière, d'air et de nourriture pour vivre. La nourriture contient les **nutriments** nécessaires à leur santé. Elle leur fournit aussi de l'**énergie**. Cette énergie aide les plantes à pousser, et permet aux animaux de respirer, de grandir et de se déplacer.

Ces caribous trouvent dans les plantes de la toundra les nutriments et l'énergie dont ils ont besoin.

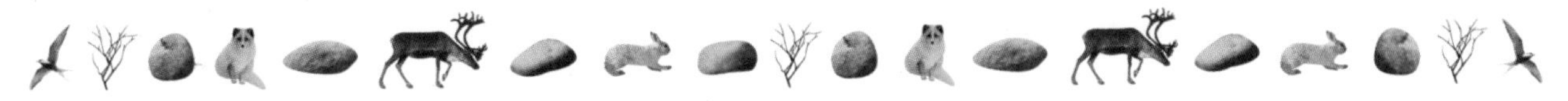

À manger pour les plantes

Les plantes et les animaux ne se nourrissent pas de la même façon. Les plantes vertes fabriquent elles-mêmes leur nourriture, grâce à l'énergie du soleil ! Ce sont les seuls organismes vivants capables de le faire.

À manger pour les animaux

Les animaux, eux, doivent manger pour obtenir les nutriments et l'énergie dont ils ont besoin. Selon les espèces, ils choisissent des aliments différents. Certains se nourrissent de plantes, et certains dévorent d'autres animaux. Beaucoup d'animaux mangent à la fois des plantes et des animaux. La suite d'organismes vivants qui en mangent d'autres et qui se font manger ensuite s'appelle une « chaîne alimentaire ». Les chaînes alimentaires dont nous allons parler dans ce livre sont celles de la toundra d'Amérique du Nord. Tu peux voir à droite comment fonctionne une chaîne alimentaire.

L'énergie du soleil

Les plantes vertes fabriquent leur nourriture grâce à l'énergie du soleil. Elles utilisent une partie de cette énergie pour se nourrir et emmagasinent le reste.

soleil

lemming

Quand un lemming ou un autre animal mange une plante, il absorbe seulement une partie de l'énergie emmagasinée dans la plante. Le lemming ne reçoit ainsi qu'une fraction de l'énergie du soleil captée par la plante.

harfang

Si un harfang des neiges mange un lemming, il absorbe à son tour une partie de l'énergie emmagasinée dans la plante, mais cette partie est moins grande que celle qu'a reçue le lemming. La quantité d'énergie solaire qui se transmet de cette façon diminue à chaque niveau de la chaîne alimentaire.

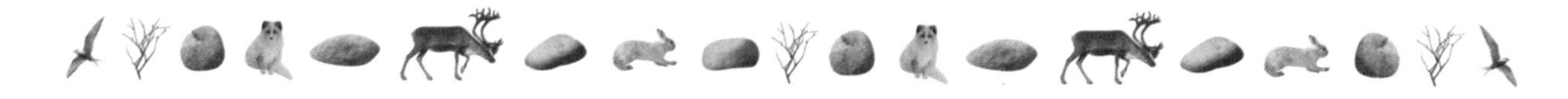

Des chaînes à plusieurs niveaux

Toutes les chaînes alimentaires comportent au moins trois niveaux. Les plantes se situent au premier niveau, les animaux qui mangent des plantes forment le deuxième niveau, et les animaux qui mangent d'autres animaux couronnent le tout, au troisième niveau.

Les productrices de nourriture

Dans une chaîne alimentaire, les plantes vertes sont considérées comme des producteurs primaires, parce que c'est par elles que tout commence. Le mot « primaire » signifie « premier ». Les plantes n'utilisent pas toute la nourriture qu'elles fabriquent. Elles en conservent une partie pour en tirer de l'énergie.

Les animaux mangeurs de plantes

Le deuxième niveau de la chaîne alimentaire se compose des animaux qui mangent des plantes. On dit que ce sont des « herbivores ». On les qualifie aussi de consommateurs primaires parce que ce sont les premiers organismes vivants de la chaîne alimentaire qui doivent consommer, ou manger, de la nourriture pour obtenir de l'énergie. Les herbivores reçoivent ainsi une partie de l'énergie solaire emmagasinée dans les plantes.

Les animaux mangeurs de viande

On appelle « carnivores » les animaux qui mangent d'autres animaux. Ils occupent le troisième niveau de la chaîne alimentaire. On dit que ce sont des consommateurs secondaires parce que, dans cette chaîne, ils forment le deuxième groupe d'organismes vivants qui doivent manger pour avoir de l'énergie. Quand des carnivores mangent des herbivores ou d'autres carnivores, ils reçoivent moins d'énergie solaire que ces autres animaux.

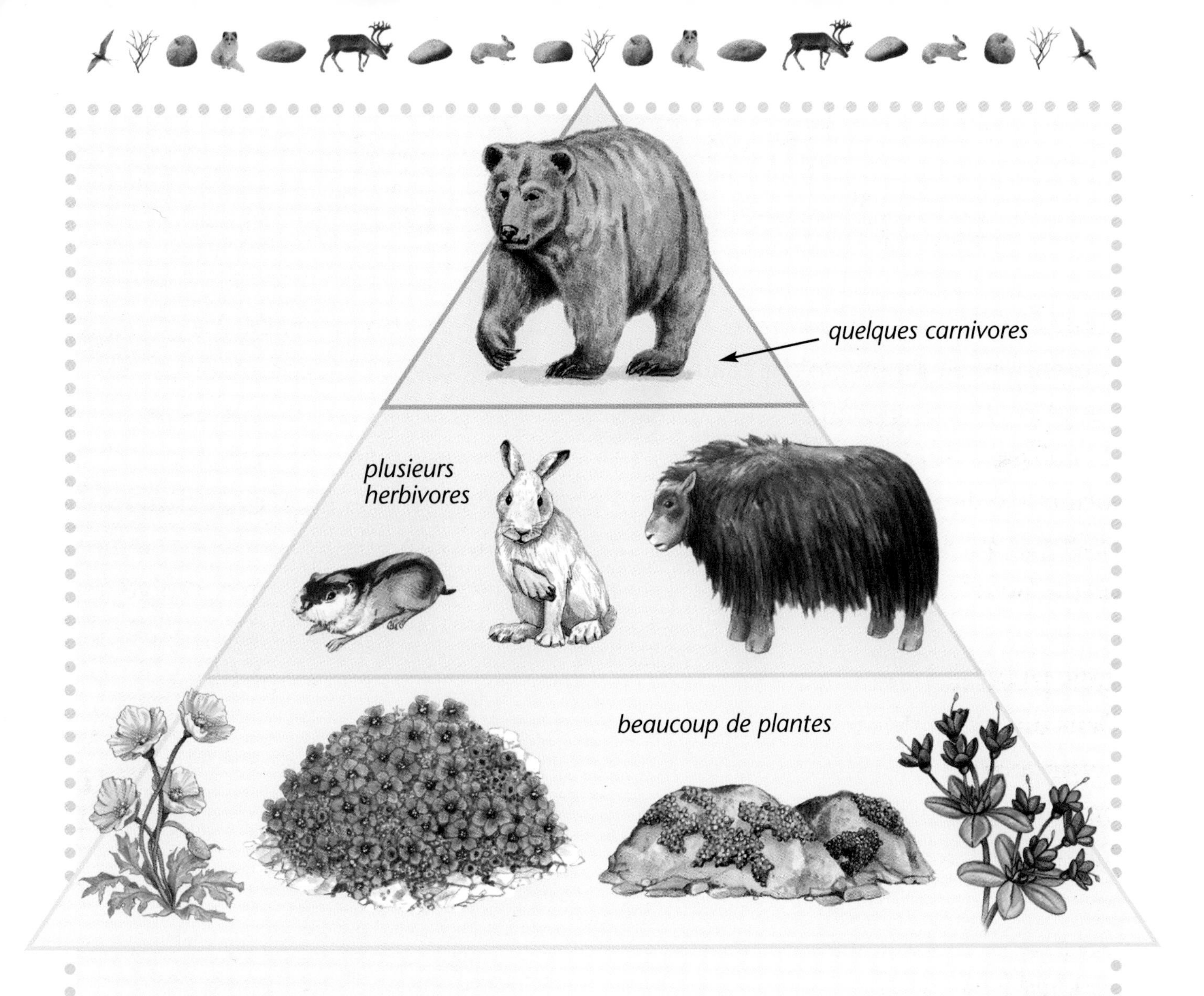

La pyramide de l'énergie

Cette pyramide montre comment l'énergie circule dans une chaîne alimentaire. Comme toutes les pyramides, la pyramide de l'énergie est large à la base et étroite au sommet. Le premier niveau est large, pour montrer qu'il y a beaucoup de plantes. Il en faut beaucoup, en effet, pour fournir assez d'énergie alimentaire aux animaux. Le deuxième niveau de la pyramide est un peu plus étroit parce qu'il y a moins d'herbivores que de plantes. C'est parce que chaque herbivore doit manger beaucoup de plantes pour survivre. Le sommet de la pyramide, enfin, est le plus étroit parce que les carnivores sont moins nombreux que tous les autres organismes vivants de la chaîne alimentaire. Chaque carnivore doit manger beaucoup d'herbivores pour obtenir l'énergie alimentaire dont il a besoin.

La production de nourriture

Les plantes produisent de la nourriture par un processus appelé « photosynthèse ». Leurs feuilles contiennent un **pigment** vert, la chlorophylle, qui remplit deux fonctions. D'abord, la chlorophylle absorbe l'énergie du soleil. Ensuite, elle combine cette énergie avec de l'eau, des nutriments contenus dans le sol et du **gaz carbonique** présent dans l'air. La nourriture que chaque plante produit ainsi porte le nom de « glucose ». C'est une sorte de sucre.

Les feuilles de la plante captent du gaz carbonique dans l'air.

Pendant que la plante fabrique sa nourriture, ses feuilles libèrent dans l'air un gaz appelé « oxygène ».

La chlorophylle présente dans les feuilles de la plante absorbe l'énergie du soleil.

Les racines de la plante trouvent de l'eau et des nutriments dans le sol.

De l'aide pour les animaux

En fabriquant leur nourriture, les plantes contribuent à la santé de nombreux animaux. Elles utilisent en effet du gaz carbonique pour la photosynthèse. C'est un gaz qui n'est pas bon pour les animaux s'ils en respirent trop.

Les plantes libèrent aussi de l'oxygène dans l'air. L'oxygène est un gaz essentiel à la vie.

Les plantes de la toundra

En été, dans la toundra, le soleil brille jusqu'à 24 heures par jour. Cet ensoleillement intense permet à des centaines de plantes colorées de pousser en quelques semaines à peine. La plupart des plantes ne pourraient pas survivre dans les températures froides et le sol pauvre de la toundra. Mais les plantes de la toundra se sont adaptées, ce qui veut dire qu'elles ont subi différents changements qui leur permettent de supporter des conditions difficiles.

Beaucoup de plantes de la toundra, comme le pavot d'Islande, à gauche, ont des tiges et des feuilles couvertes de cire ou de poils. Cette couche protectrice les aide à conserver leur eau.

Les plantes de la toundra poussent près du sol. Elles sont ainsi protégées des vents forts qui soufflent très souvent.

Des plantes utiles

Les lichens sont des plantes importantes, dont se nourrissent de nombreux animaux de la toundra. On voit souvent sur les pierres des lichens orangés, jaunes ou noirs. En poussant, ces lichens désagrègent lentement les pierres. Avec le temps, les pierres s'effritent en morceaux de plus en plus petits qui vont enrichir le sol.

La plupart des plantes de la toundra sont vivaces, ce qui veut dire qu'elles peuvent vivre de nombreuses années en poussant seulement pendant l'été. On voit ici un épilobe des moraines, une plante vivace qui pousse dans la toundra.

La linaigrette produit beaucoup de graines. Ce sont ces graines qui forment les touffes cotonneuses qu'on voit sur la photo. Quand les graines sont transportées par le vent, de nouvelles plantes poussent là où elles se déposent.

Les herbivores de la toundra

Les bœufs musqués sont des brouteurs qui vivent toute l'année dans la toundra. En hiver, ils fouillent dans la neige avec leurs sabots pour trouver de l'herbe.

Seuls quelques herbivores, comme les bœufs musqués et les lièvres arctiques, vivent toute l'année dans la toundra. Beaucoup d'autres herbivores y passent seulement l'été. Ils doivent parcourir de longues distances pour s'y rendre. Tous ces animaux doivent manger beaucoup de plantes pour trouver l'énergie alimentaire dont ils ont besoin.

Une alimentation différente

La plupart des herbivores de la toundra sont des brouteurs. Ils mangent de l'herbe et d'autres petites plantes. Les plus gros brouteurs de la toundra sont les caribous et les bœufs musqués. Les caribous mangent des lichens, qu'ils arrachent en grattant les pierres avec leurs **sabots**. D'autres herbivores de la toundra mangent plutôt des feuilles, des tiges et des branches. On dit que ce sont des « folivores ».

Les lièvres arctiques sont des folivores. Ils se nourrissent de feuilles, de lichens, de baies et de pousses de plantes.

Un peu de tout

Les herbivores de la toundra ne mangent pas tous les mêmes parties des plantes. Les spermophiles arctiques, comme d'autres petits animaux, se nourrissent de baies, de feuilles, de graines et de fleurs. Les bourdons polaires et certains oiseaux boivent du nectar. C'est un liquide sucré qu'on trouve dans les fleurs, comme celles de la saxifrage qu'on voit à gauche.

Il y a beaucoup de sauterelles dans la toundra. Elles se nourrissent d'herbe et de trèfle.

Les mouflons de Dall sont des herbivores de la toundra qui mangent de l'herbe, des fleurs et différentes sortes de mousses arctiques. Les mousses sont de petites plantes vertes qui poussent en touffes.

Des animaux bien adaptés

renard arctique

renard roux

Les oreilles du renard arctique sont beaucoup plus petites que celles du renard roux, qui vit dans des régions plus chaudes.

Beaucoup d'animaux de la toundra, comme ce lièvre arctique, ont de grands pieds. C'est ce qui leur permet de se déplacer dans la neige sans s'y enfoncer.

La fourrure des ours polaires est faite de poils creux. Ces poils emprisonnent la chaleur et gardent les ours bien au chaud.

Les animaux qui passent l'année dans la toundra ont un corps bien adapté au froid. La plupart d'entre eux sont de petite taille et ont des oreilles minuscules. Ces caractéristiques les aident à conserver leur chaleur pendant l'hiver.

De longues distances

On trouve aussi dans la toundra des animaux qui n'y vivent pas toute l'année. Les sternes arctiques, les caribous et les grizzlys, par exemple, **migrent** chaque année entre la toundra et les régions plus au sud. Au début de l'été, ils parcourent de longues distances pour aller manger des plantes dans la toundra. Les sternes arctiques sont les animaux qui migrent le plus loin. Elles voyagent entre la toundra et le pôle Sud !

sterne arctique

Les petits lemmings

Les lemmings sont de petits herbivores qui vivent en groupe. Ils passent toute l'année dans la toundra. L'hiver, ils creusent des tunnels sous la neige. Ces tunnels mènent à de petites pièces, que les lemmings garnissent d'herbe et de fourrure. Ils y sont ainsi bien au chaud.

Beaucoup de bébés

Les lemmings ont beaucoup de bébés chaque année. Parfois, ils en ont même trop pour pouvoir les nourrir tous. Quand ils ne trouvent pas assez à manger, ils se déplacent en groupe pour chercher de la nourriture. Pendant ces déplacements, certains lemmings se noient en traversant des rivières.

Des maillons importants

Les lemmings forment un des maillons les plus importants des chaînes alimentaires de la toundra. La plupart des carnivores de la toundra en mangent. Sans les lemmings, ces carnivores n'auraient pas assez de nourriture.

Les carnivores de la toundra

La toundra abrite de nombreux carnivores. Certains d'entre eux sont des prédateurs. Ils chassent d'autres animaux pour se nourrir. On dit que ces animaux sont leurs « proies ». Les principaux prédateurs de la toundra sont les renards arctiques, les loups et les harfangs des neiges, comme celui qu'on voit à gauche. En été, les ours polaires chassent aussi dans la toundra.

Deux catégories

Les prédateurs se classent en deux catégories. On appelle « consommateurs secondaires » les prédateurs qui chassent et qui mangent des herbivores, et « consommateurs tertiaires » ceux qui chassent et qui mangent d'autres carnivores. Le mot « tertiaire » veut dire « troisième ». Les consommateurs tertiaires forment le troisième groupe d'animaux de la chaîne alimentaire qui mangent pour obtenir de l'énergie.

Les loups sont des consommateurs secondaires quand ils mangent des herbivores comme les lemmings. Mais ces prédateurs sont des consommateurs tertiaires quand ils mangent par exemple des harfangs des neiges, qui sont eux aussi des carnivores.

Des animaux importants

Les prédateurs ont une grande importance dans les chaînes alimentaires de la toundra. Sans eux, les **populations** de nombreuses espèces d'herbivores augmenteraient trop. S'il y avait trop d'herbivores, ils mangeraient toutes les plantes de la toundra.

Des proies idéales

Les prédateurs contribuent aussi à la santé des populations d'animaux en capturant les jeunes, les vieux et les malades. Ce sont les animaux les plus faciles à chasser. Quand des prédateurs retirent ainsi les animaux les plus faibles de la chaîne alimentaire, il y a plus de nourriture disponible pour les animaux en santé.

Les renards arctiques, comme celui-ci, sont les principaux prédateurs de la toundra. Ils se nourrissent surtout de lemmings et de lièvres arctiques. Sans ces renards, les populations de lemmings et de lièvres arctiques seraient vite trop nombreuses.

La recherche de nourriture

Les prédateurs de la toundra ont différentes méthodes pour attraper leurs proies. Le faucon gerfaut, à droite, vole près du sol quand il a repéré une proie. Il la pourchasse jusqu'à ce qu'elle soit fatiguée et il peut alors la capturer facilement. Quant aux jeunes lynx, comme celui-ci, ils chassent les lièvres arctiques avec leur mère. Pour commencer, les lynx se dispersent et vont se cacher à différents endroits. Quand un lièvre passe près d'un des lynx, celui-ci bondit de sa cachette et se lance à sa poursuite. Il attrape le lièvre en le frappant avec ses grosses pattes et ses griffes bien aiguisées, comme on le voit ci-dessous.

Sur les traces des prédateurs

Les carnivores ne mangent pas seulement des animaux qu'ils ont tués eux-mêmes. La plupart des carnivores de la toundra se nourrissent aussi de charogne, c'est-à-dire d'animaux déjà morts. On dit que ce sont des « charognards ». Les charognards, comme le carcajou qu'on voit ci-dessus, suivent souvent les prédateurs plus gros, par exemple les ours polaires et les loups.

Quand les prédateurs ont fini de dévorer leurs proies, les charognards s'approchent et mangent les restes.

Un bon nettoyage

En mangeant des animaux morts, les charognards en tirent l'énergie dont ils ont besoin. Ils contribuent en même temps à nettoyer la toundra.

Les omnivores de la toundra

Certains animaux de la toundra mangent à la fois des plantes et des animaux. C'est ce qu'on appelle des « omnivores ». Les spermophiles arctiques, comme celui de gauche, sont des omnivores qui se nourrissent de graines, de fruits et de feuilles, de même que de charogne et d'insectes.

Plus de choix

En hiver, la nourriture est rare dans la toundra. Les omnivores en trouvent plus facilement que les herbivores et les carnivores. On dit que ce sont des opportunistes, parce qu'ils mangent toutes les sortes d'aliments qu'ils peuvent trouver.

Les lagopèdes, comme celui qu'on voit à gauche, passent l'année dans la toundra. Ils mangent des plantes, des graines, des baies et des insectes.

À manger pour les grizzlys

Les grizzlys sont d'énormes animaux, qui peuvent peser jusqu'à 680 kilos! Ces ours sont capables de courir vite et de tuer des proies aussi grosses que des orignaux. Ils chassent toutefois rarement d'autres animaux. Ils se nourrissent à l'occasion de poissons et de petits mammifères, comme des lemmings et des spermophiles, mais ils mangent surtout des baies et des plantes. Ce sont donc des omnivores. Quand ils veulent manger de la viande, les grizzlys cherchent souvent des prédateurs qui viennent de tuer un animal. Ils font fuir les prédateurs et s'emparent de leur proie.

Les décomposeurs

Les plantes et les animaux morts qui sont en train de se décomposer contiennent encore des nutriments. Certains organismes vivants, appelés « décomposeurs » ou « détritiphages », mangent ces organismes morts, qu'on appelle des « détritus ». Ils absorbent une partie des nutriments qui restent.

De nouveaux maillons

En mangeant des plantes et des animaux morts, les décomposeurs forment une chaîne alimentaire de détritus. Dans la toundra, les champignons, les escargots, les **bactéries** et les moisissures, par exemple, sont des décomposeurs.

La chaîne des détritus

Quand une plante ou un animal meurt, comme ce loup, il devient de la matière morte dans le sol.

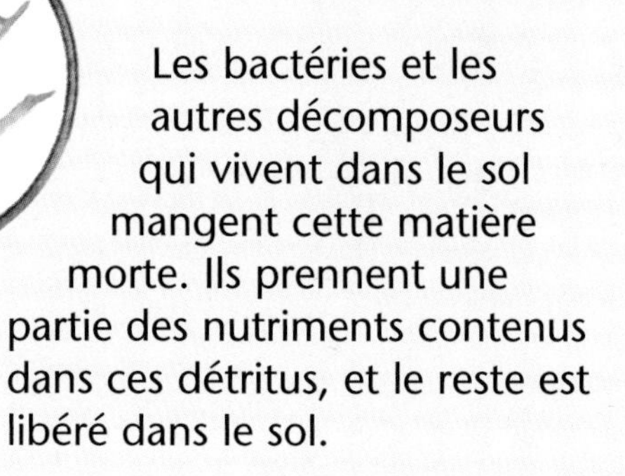

Les bactéries et les autres décomposeurs qui vivent dans le sol mangent cette matière morte. Ils prennent une partie des nutriments contenus dans ces détritus, et le reste est libéré dans le sol.

Les nutriments libérés dans le sol par les décomposeurs aident de nouvelles plantes à pousser.

Note : Les flèches pointent vers les organismes vivants qui reçoivent des nutriments.

Des organismes utiles

Les décomposeurs sont utiles aux plantes et aux animaux à tous les niveaux de la chaîne alimentaire. Ils ajoutent des nutriments dans le sol. Ces nutriments sont essentiels à la croissance des plantes. Quand il y a beaucoup de plantes, les herbivores ont amplement à manger. Ils sont alors en bonne santé et peuvent avoir beaucoup de bébés. Et, plus il y a d'herbivores, plus les carnivores trouvent facilement à se nourrir à leur tour.

Les décomposeurs servent aussi de nourriture ! Beaucoup d'animaux, comme les jeunes lagopèdes, mangent des escargots comme celui-ci.

Les réseaux alimentaires

Chaque chaîne alimentaire comprend des plantes, un herbivore et un carnivore. Quand un animal d'une chaîne alimentaire mange une plante ou un animal d'une autre chaîne, les deux chaînes s'entrecroisent.

Les chaînes alimentaires ainsi reliées forment un réseau alimentaire. Il y a beaucoup de ces réseaux dans la toundra. La plupart des animaux de la toundra mangent différents types d'aliments. Ils font donc partie de plusieurs réseaux.

Les réseaux alimentaires changent souvent avec les saisons. En hiver, les carnivores comme ces lynx chassent des animaux qui vivent toute l'année dans la toundra, par exemple des lièvres arctiques. En été, les lynx chassent des jeunes caribous et d'autres animaux qui migrent vers la toundra pour se nourrir.

Un réseau de la toundra

On voit ici un réseau alimentaire de la toundra. Les flèches pointent vers les organismes vivants qui reçoivent de l'énergie.

Les harfangs des neiges mangent des lemmings et des lièvres arctiques.

Les loups mangent des lemmings et des lièvres arctiques.

Les lemmings mangent des baies et d'autres végétaux.

Les lièvres arctiques mangent des baies et d'autres végétaux.

baies

Un milieu fragile

La toundra est un milieu naturel important. Mais certains comportements des humains font du tort aux plantes et aux animaux qui y vivent. Par exemple, nous consommons du pétrole pour faire rouler nos voitures et chauffer nos maisons. Or, la toundra recèle de grandes quantités de pétrole, à des centaines de mètres sous la surface. Pour atteindre ce pétrole, les sociétés pétrolières utilisent de grosses machines de forage qui **polluent** l'environnement.

Des animaux effrayés

Les machines de forage font beaucoup de bruit. Souvent, elles effraient les animaux de la toundra. Certaines sont installées dans des régions que les caribous doivent traverser pour se rendre dans la toundra. Les caribous ont parfois trop peur pour passer à côté de ces machines. Mais, s'ils n'atteignent pas la toundra, ils risquent de mourir de faim.

Ces caribous traversent une rivière à la nage pendant leur migration vers la toundra.

Il fait chaud !

Il fait de plus en plus chaud dans l'Arctique ! Les scientifiques ont découvert que, dans cette région nordique, la glace fond beaucoup plus vite que prévu. C'est à cause du **réchauffement climatique**, causé par l'utilisation de **combustibles fossiles** comme le pétrole, le charbon et le gaz naturel. Ces combustibles sont utilisés dans les usines, dans les maisons et pour les transports.

Cette hausse des températures dans l'Arctique risque de faire fondre le pergélisol dans la toundra. Si la toundra est inondée, les plantes ne pourront pas pousser. Les oiseaux n'auront plus d'endroits où nicher. Les herbivores mourront de faim. Et, sans herbivores, les carnivores n'auront plus assez à manger !

À cause du réchauffement climatique, beaucoup d'animaux pourraient être ***menacés*** *ou même disparaître complètement. Si les températures continuaient de monter, les ours polaires pourraient disparaître de la Terre parce qu'ils manqueront de nourriture.*

Pour protéger la toundra

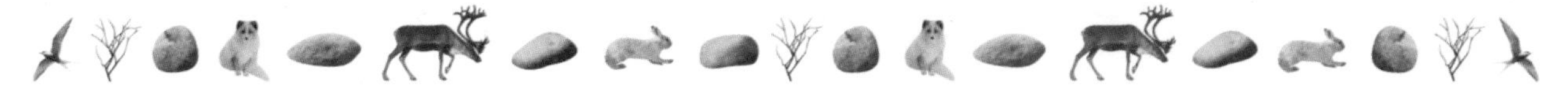

Comment faire ta part

Peu importe où tu vis, tu peux aider à sauver la toundra ! Il y a beaucoup de choses que tu peux faire chaque jour pour que la toundra demeure un milieu de vie sain pour les plantes et les animaux.

À pied !

Un des meilleurs moyens d'aider la toundra et les animaux qui y vivent, c'est de consommer moins de pétrole. Toi et ta famille pouvez faire votre part en vous déplaçant à pied, en vélo ou en transport en commun plutôt qu'en voiture.

On éteint !

Si tu vis dans une région où l'électricité est produite à partir de combustibles fossiles, tu peux aussi faire ta part en éteignant les lumières chez toi, quand il n'y a personne dans une pièce. N'oublie pas non plus d'éteindre le téléviseur, l'ordinateur et le lecteur de disques !

Les animaux de la toundra ont besoin de grands espaces. En consommant moins de pétrole, ta famille peut contribuer à réduire les forages pétroliers dans la toundra.

Glossaire

bactérie Minuscule organisme vivant qui décompose les plantes et les animaux morts

combustible fossile Source d'énergie provenant de la décomposition de plantes et d'animaux morts il y a des millions d'années

conifère Arbre qui a des feuilles en forme d'aiguilles et des fruits appelés « cônes »

énergie Force que les organismes vivants tirent de leur nourriture et qui les aide à bouger, à grandir et à rester en santé

gaz carbonique Gaz présent dans l'air et dont les plantes ont besoin pour fabriquer de la nourriture

menacé Se dit d'un animal qui risque de disparaître de la Terre

migrer Se déplacer d'un endroit à un autre pour une période plus au moins longue

nutriments Substances naturelles qui fournissent aux plantes et aux animaux l'énergie nécessaire à leur développement

oxygène Gaz que les organismes vivants doivent respirer pour vivre et que les plantes libèrent dans l'air

pigment Colorant naturel présent dans les plantes et les animaux

polluer Salir un endroit en y déposant des déchets ou d'autres substances nuisibles pour l'environnement

population Nombre total de plantes ou d'animaux d'une même espèce qui vivent dans un endroit donné

réchauffement climatique Augmentation des températures sur l'ensemble de la Terre

sabot Enveloppe dure sur les pieds de certains animaux, par exemple les bovins, les chevaux et les caribous

Index